Mohamed M. El Nady

Petróleos brutos no Golfo do Suez, Egito

Mohamed M. El Nady

Petróleos brutos no Golfo do Suez, Egito

ScienciaScripts

Imprint
Any brand names and product names mentioned in this book are subject to trademark, brand or patent protection and are trademarks or registered trademarks of their respective holders. The use of brand names, product names, common names, trade names, product descriptions etc. even without a particular marking in this work is in no way to be construed to mean that such names may be regarded as unrestricted in respect of trademark and brand protection legislation and could thus be used by anyone.

Cover image: www.ingimage.com

This book is a translation from the original published under ISBN 978-3-659-82350-3.

Publisher:
Sciencia Scripts
is a trademark of
Dodo Books Indian Ocean Ltd. and OmniScriptum S.R.L publishing group

120 High Road, East Finchley, London, N2 9ED, United Kingdom
Str. Armeneasca 28/1, office 1, Chisinau MD-2012, Republic of Moldova, Europe
Printed at: see last page
ISBN: 978-620-8-23616-8

Conteúdo

1. Introdução

A bacia do Golfo do Suez é uma depressão alongada a noroeste que separa o maciço do Sinai das colinas do Deserto Oriental - Mar Vermelho. A distância média entre estas massas de escudos é de cerca de 85 km. Tem um comprimento de 320 km e uma largura que varia entre 30 e 80 km. A profundidade das águas do Golfo do Suez é relativamente baixa (profundidade média de cerca de 65 m) em comparação com o Golfo de Aqaba (que atinge uma profundidade de cerca de 2000 m em algumas partes). O terço central da bacia do rift do Golfo do Suez é ocupado por água, enquanto os outros dois terços estão expostos em terra (McKenzie e Daves, 1970). A bacia do rift é delimitada de ambos os lados por dois grandes sistemas de falhas marginais que são caracterizados por linhas de escarpas verticais altas nos lados lançados para cima (Said, 1962).

O Golfo do Suez (Fig. 1) é um sumidouro topográfico na plataforma estável do Egito. Caracteriza-se por uma intensa falha de blocos e uma acumulação maciça de sedimentos. Os mapas de isópacas de rochas paleozóicas no Golfo do Suez indicam que a bacia do Golfo existia desde essa altura e que se abriu para o Tétis, a norte. As evidências dos movimentos hercínicos são documentadas por relações inconformáveis entre o Paleozoico e o Mesozoico no Golfo. O movimento Larimide começou desde o Cretáceo Superior e teve inicialmente um ligeiro efeito na tectónica e na sedimentação. O seu clímax ocorreu no final do Eoceno, com uma grande revolução tectónica que envolveu elevações, deformações e falhas em bloco. A erosão extensiva persistiu durante o Oligocénico e uma parte do Miocénico nos blocos mais elevados, enquanto os blocos mais baixos foram objeto de deposição clástica. O mar do Miocénico inferior é transgredido a partir do norte sobre a topografia acidentada pré-deposicional, que controlou a sedimentação. Os xistos e margas, ricos em matéria orgânica, depositaram-se rapidamente nas calhas e, mais tarde, expulsaram a maior parte do petróleo gerado no Golfo. Massas espessas de evaporitos foram depositadas na bacia durante o Miocénico Médio. As fases de movimentos tectónicos continuaram durante o período pós-Miocénico, o que levou ao rejuvenescimento de algumas falhas antigas e à acumulação de sedimentos espessos pós-Miocénicos (Moustafa, 1976).

Devido à importância do Golfo do Suez como a principal província produtora de petróleo no Egito, foram realizadas numerosas investigações e discussões desde há mais de sessenta anos. Muitos autores debruçaram-se sobre a sua geologia, estratigrafia, estrutura e história geológica.

Fig.1 Mapa de localização do Golfo do Suez, Egito

Muitos autores, como Said (1962), Bobbitt e Ghallegar (1978) e Barakat (1982) consideraram que a bacia do Golfo do Suez representa uma área intensamente causada por forças tensionais que actuam desde o início do tempo geológico. Outros, como Swartz e Arden (1960), Youssef (1968) e Bayoumi (1983) acreditavam numa tensão compressional, que causou o sistema de fracturas de cisalhamento. Tromp (1950) propôs que as principais causas que levaram à formação do Golfo do Suez podem ter sido a combinação de falhas de cisalhamento e de estiramento.

2. Cenário geológico

O Golfo do Suez é controlado por uma fenda que se estende para noroeste na placa africana a partir da junção da fenda do Mar Vermelho e da falha de transformação do Levante (Robson, 1971). Separa o nordeste do Egito da Península do Sinai. A fenda do Suez pode ter-se tornado ativa já no final do Mesozoico ou no final do Eoceno (Robson, 1971) e estabeleceu a sua depressão no início do Mioceno (Garfunkel e Bartov, 1977). A fenda do Suez é uma estrutura tectonicamente ativa que é considerada um limite de subplaca que se formou como relíquia da abertura inicial do Mar Vermelho.

Os movimentos tectónicos na área do Golfo do Suez não têm a mesma magnitude em todas as partes ao mesmo tempo. Os movimentos foram especialmente activos durante o Cretáceo Médio, Cretáceo Final, Eoceno Inicial, Oligoceno Inferior (com maior intensidade), Mioceno e finalmente durante o Plioceno (Said, 1962). Com uma idade Miocénica inicial tardia, acredita-se que o tectonismo e a extensão significativos relacionados com as fendas ocorreram mais cedo no Miocénico, se não no último Oligocénico (Plaziat *ET AL.,* 1998). O vulcanismo do último Oligoceno e do primeiro Mioceno sugere um rifteamento anterior. O tectonismo extensional também é indicado pela ocorrência de paralelepípedos e rochas de rocha basal em conglomerados e brechas do Oligocénico ao longo da costa noroeste do Mar Vermelho e pela inclinação no início do Miocénico dos blocos da falha Gebel el Zeit (Garfunkel e Bartov, 1977; Bosworth, 1995 e Bosworth *ET AL.,* 1998). De facto, é provável que tenha ocorrido uma rotação maior e, por vezes, mais rápida ao longo das falhas limítrofes antes e durante a deposição de Nukhul do que durante períodos posteriores da história do rift (Bosworth *ET AL.,* 1998). Toda a área do Golfo do Suez foi intensamente falhada e a maioria dos blocos de falhas foram formados como resultado da elevação geral, que ocorreu no período pós-Eocénico (Oligocénico - Miocénico inicial) por falhas de tendência noroeste-sudeste. Estes blocos foram geralmente sujeitos a erosão diferencial; as partes mais elevadas de cada bloco foram sujeitas a erosão adicional (Hagras, 1976, 1986).

O Golfo do Suez é constituído por uma série de semi-agarramentos paralelos com sedimentos espessos do Miocénico e Pós-Miocénico. As principais falhas no ombro e no interior da bacia do Golfo de Suez são de tendência NNW-SSE. As falhas principais são compostas principalmente por um padrão complexo de tendências de Suez e Aqaba e a intersecção entre estas tendências é comum. No lado oriental do golfo de Suez, as principais falhas Clysmic são cortadas obliquamente pelas principais falhas do golfo de Aqaba. No lado ocidental, a tendência de Aqaba é comum, mas estão presentes importantes falhas cruzadas com tendência NE - SW. Estas falhas cruzadas delimitam a maioria dos campos de petróleo pré-miocénicos, como Ras Gharib, Bakr e Amer (Sultan e Schutz, 1984).

Muitos autores subdividiram o Golfo do Suez em três províncias tectónicas, enquanto outros o subdividiram em quatro províncias tectónicas. Moustafa, (1976); Bosworth e McClay, (2001); Abd El-Naby et al., (2009) dividiram o Golfo do Suez em três províncias tectónicas de acordo com a direção do regime de mergulho de cada província (Fig. 2). Designaram-nas de norte a sul como: províncias de Wadi Araba, Belayim e Amal. A província de Wadi Araba está separada da de Belayim pela zona de charneira Galala - Zenima, enquanto a província de Belayim está separada da província de Amal pela zona de charneira Morgan. Estas zonas de charneira têm uma tendência na direção NE - SW. Os contrastes de mergulho são os seguintes: O norte das províncias de Araba e o sul da província de Amal apresentam um mergulho SW, enquanto a província central de Belayim apresenta um mergulho NE. Moustafa, (1992) concluiu que a distribuição alternada de rochas-mãe e condutas de transporte de sedimentos de rifte, juntamente com a geometria incipiente de meio graben do Golfo de Suez, criaram cunhas de sedimentos de atitudes de espessura opostas, criando assim a província de três mergulhos do Golfo de Suez. A rotação líquida das províncias de mergulho ocorreu ao longo de duas zonas de acomodação, a norte designada por zona de acomodação Zaafarana (anteriormente designada por zona de charneira Galala - Zenima por Moustafa, (1976), enquanto a sul é designada por zona de acomodação Morgan (Fig.2).

Colletta *ET AL.*, (1988) mostraram que a polaridade dos blocos inclinados muda duas vezes ao longo da extensão longitudinal do rift do Golfo de Suez. Por conseguinte, são identificadas três províncias com uma extensão média de 50-100 km: (1) Na parte norte, a bacia de Darag foi inclinada para sudoeste; (2) Na parte central, a província de Belayim foi inclinada para nordeste; (3) A sul, a província de Amal - Zeit foi inclinada para sudoeste.

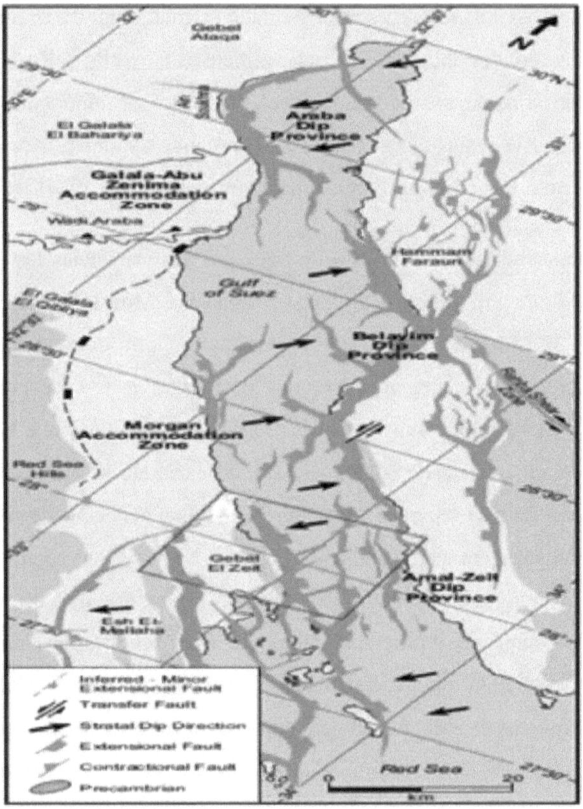

Fig.2: Mapa tectónico do Rift do Golfo do Suez (modificado de Bosworth e McClay, 2001; Abd El- Naby et al., 2009).

Além disso, os valores dos ângulos de inclinação são diferentes de uma província para outra. Foram registados os seguintes valores: 5° - 10° na bacia de Darag, 20° - 25° na província de Amal-Zeit. No sistema Syn-rift, o ângulo de inclinação raramente excede

10°. A largura dos blocos difere de norte a sul em cerca de 50 km (na bacia de Darag), 20 km (na província de Belayim) e 15 km (na província de Amal - Zeit).

3. Trabalhos anteriores relacionados com o petróleo bruto

As caraterísticas dos petróleos brutos do Golfo do Suez foram avaliadas por Zein El Din et al. (1981), que referiram que os petróleos produzidos em alguns campos do Golfo do Suez derivam de rochas de origem marinha semelhantes. Rohrback (1983) sugeriu uma origem marinha para os petróleos recuperados dos principais campos de produção em todo o Golfo. Barakat et al. (1996) dividiram os petróleos do Golfo do Suez em três tipos. O tipo I tem origem em rochas carbonatadas (principalmente de origem marinha), o tipo II parece ter origem em rochas terciárias com contribuição de plantas terrestres altas e o tipo III é uma mistura dos tipos I e II. Wever (2000) afirmou que os petróleos do Golfo do Suez eram derivados de rochas geradoras constituídas por carbonatos marinhos pré-Miocénicos com querogénio predominantemente do tipo II. El Nady (2001) reconheceu que os petróleos do sul do Golfo provinham principalmente de origem terrestre. Barakat et al. (2002) afirmaram que existe uma estreita relação genética entre os petróleos da parte sul do Golfo do Suez. Estudos mais recentes, como o de El Nady e Harb (2005), reconheceram que a fonte de óleos na parte norte do Golfo do Suez provinha de diferentes contribuições de origens variadas. El Nady (2006) afirmou que os petróleos brutos no Sul do Golfo do Suez são maduros, originários principalmente de fontes marinhas e mostram uma boa correlação com as rochas de origem do Miocénico Inferior. El Nady et al. (2007) classificaram o petróleo bruto na zona central do Golfo do Suez em moderadamente maduro, gerado num ambiente fortemente redutor (marinho), e maduro, gerado a partir de rochas de origem depositadas em condições lacustres. Sharaf et al (2007) identificaram quatro famílias de petróleo no sul do Golfo do Suez. Família (1) rica em matéria orgânica do tipo II e depositada num ambiente de deposição anóxico. Família (2) rica em rochas geradoras depositadas em ambiente de deposição óxico. Família (3) petróleo de origem mista (marinha e não marinha), gerado a partir de rochas geradoras de idade terciária e/ou mais jovem. Família (4): o petróleo provém principalmente de rochas carbonatadas ricas em minerais de argila com contribuições de algas e bactérias. Roushdy et al. (2010) sugerem que os petróleos brutos são maduros e derivados principalmente de fontes orgânicas mistas de contribuições terrestres e marinhas para a biomassa de algas e plâncton em diferentes ambientes salinos. Harb e El Nady (2010) dividiram os óleos brutos do Golfo do Suez em 1. Óleos pesados caracterizados por baixa maturação e originários principalmente de fontes orgânicas terrestres. 2. Óleos leves de alto nível de maturação originados principalmente de fontes orgânicas marinhas. Faramawy et al.,

(2012) classificaram os óleos brutos em óleos pesados intermédios aromáticos de baixo teor de cera caracterizados por um elevado nível de maturação e derivados de fontes orgânicas mistas; pertencem ao tipo de carbonato, depositados em ambientes de transição sob condições de redução-oxidação. El Diasty e Peters (2014) reconheceram a presença de duas famílias genéticas de óleos (Famílias I e II) e sugerem as suas prováveis rochas de origem na parte central e sul do Golfo do Suez.

4. Princípios de caraterização de óleos brutos

O petróleo é uma mistura complexa que contém um grande número de compostos estreitamente relacionados. Os compostos presentes, e as suas quantidades relativas, são controlados inicialmente pela natureza da matéria orgânica na rocha de origem. Por outras palavras, as quantidades relativas de alcanos normais, isoprenóides, aromáticos e compostos de enxofre são caraterísticas da fonte e devem ser essencialmente as mesmas para todos os óleos derivados de uma determinada rocha-mãe. Quaisquer variações menores podem estar relacionadas com inomogénios nas unidades de origem. No entanto, variações muito maiores na composição podem ser causadas por processos que actuam no reservatório, ou mesmo durante a migração para o mesmo, e podem produzir alterações dramáticas na qualidade do petróleo bruto. Por exemplo, em casos extremos, os petróleos podem converter-se em gás ou alterar a sua viscosidade de moderada para altamente viscosa (Milner et al., 1977). Estes efeitos incluem o aumento da maturação térmica, da biodegradação e da lavagem com água. O risco associado à descoberta de acumulações de petróleo pode ser reduzido através do estudo cuidadoso das composições químicas dos óleos produzidos, das infiltrações e dos extractos de rocha. Assim, o objetivo deste capítulo é lançar mais luz sobre a composição, classificação e caraterização geoquímica de amostras de petróleo bruto, através de várias análises geoquímicas de alguns campos petrolíferos no Golfo do Suez.

4.1. Grupos de compostos no petróleo bruto

A composição bruta do petróleo bruto pode ser definida pelo teor de:

4.1.1. **Hidrocarbonetos saturados**, constituídos por alcanos normais e ramificados (parafinas) e cicloalcanos (naftenos).

4.1.2. **Hidrocarbonetos aromáticos**, incluindo os aromáticos puros, as moléculas cicloalcano-aromáticas (nafteno-aromáticas) e os compostos de enxofre cíclicos.

4.1.3. **Resinas e asfaltenos**, constituídos pela fração policíclica de elevado peso molecular dos óleos brutos, composta por átomos de azoto, enxofre e oxigénio (NSO). Os asfaltenos são insolúveis nos alcanos leves e, por conseguinte, precipitam com o n-hexano. As resinas são mais solúveis, mas são igualmente muito polares e ficam retidas no gel de sílica aquando da cromatografia líquida, a menos que sejam utilizados solventes polares como fase móvel.

Estes parâmetros não são independentes, uma vez que todos os petróleos brutos são constituídos por estes três grupos. Se um destes grupos estiver em falta, os outros grupos, evidentemente, perfazem 100 %, uma vez que os saturados mais os aromáticos mais as resinas e os asfaltenos são uma unidade. Os hidrocarbonetos saturados são normalmente os mais importantes dos três principais constituintes dos petróleos brutos.

4. 2. Classificação dos óleos brutos

Foram propostas várias classificações de petróleo bruto por geoquímicos e refinadores de petróleo. Os geólogos e geoquímicos estão mais interessados em identificar e caraterizar os petróleos brutos, para os relacionar com rochas de origem específicas e para medir o seu grau de maturação. Por outro lado, os refinadores de petróleo estão sobretudo interessados na quantidade das fracções sucessivas da destilação (por exemplo, gasolina, nafta, querosene, gasóleo) e na composição química ou nas propriedades físicas destas fracções (viscosidade, teste de eluição, ... etc.).

A nova classificação proposta para os petróleos brutos baseia-se no teor de vários tipos estruturais de hidrocarbonetos (alcanos, cicloalcanos, naftenos e aromáticos) e de compostos NSO (resinas e asfaltenos). Tem igualmente em conta o teor de enxofre (Tissot e Welte, 1984). O teor de enxofre é expresso em percentagem de enxofre total em peso, que é a combinação de enxofre elementar, sulfuretos ou dissulfuretos, mercaptanos e tiofenos. De acordo com Tissot e Welte, 1984; as principais classes de petróleo bruto normal são:

4. 2.1. Óleo parafínico

O petróleo bruto é definido como parafínico se o teor total de hidrocarbonetos saturados for superior a 50 %, o teor de parafinas for superior a 40 %, o de naftenos for inferior a 50 %, o de asfaltenos e resinas for inferior a 10 % e o teor de enxofre for inferior a 1 %.

4. 2.2. Óleo parafínico-nafténico

O óleo parafínico-nafténico tem 5 a 15 % de resinas mais asfaltenos, menos de 1 % de teor de enxofre e compostos aromáticos de 25 a 40 % dos hidrocarbonetos.

4. 2.3. Óleo nafténico

A classe dos óleos nafténicos inclui principalmente óleos degradados, provenientes de alterações bioquímicas de óleos parafínicos ou parafínicos-nafténicos e têm normalmente mais de 40 % de naftenos e menos de 1 % de enxofre.

4. 2.4. Óleos intermédios aromáticos

O petróleo bruto é definido como aromático-intermédio se as quantidades totais de compostos aromáticos forem superiores ou iguais a 50 %, as quantidades de resinas e asfaltenos forem de 10 a 30 % e o teor de enxofre for superior a 1 %.

4. 2. 5. Óleos aromáticos nafténicos e aromáticos asfálticos

Esta classe é constituída principalmente por óleos brutos alterados, provenientes da degradação de óleos intermédios parafínicos, parafínicos-nafténicos ou aromáticos. Este tipo contém mais de 25 % de resinas e de asfaltenos e subdivide-se em

a. Óleo aromático-nafténico

Esta categoria é derivada de óleos parafínicos ou parafínico-nafténicos, com um teor de enxofre inferior a 1 % e uma relação resina/asfalteno igual ou superior a 2 %.

b. Óleo aromático-asfáltico

Esta classe resulta da alteração de aromáticos-intermédios, em particular dos crudes com elevado teor de enxofre.

4.3. Caracterização geoquímica do petróleo bruto

A caraterização geoquímica dos petróleos brutos aumenta a eficiência dos programas de prospeção e exploração de petróleo. A definição de padrões de ocorrência de petróleo geneticamente relacionado permite inferir as rochas de origem e as trajectórias de migração (Mogoon e Claypool, 1981; Demaison e Huizinga, 1991). De acordo com Tissot e Welte (1984), o método comum para a caraterização geoquímica de petróleos brutos é a medição de:

4.3. 1. Gravidade API

4.3. 2. Teor de enxofre

4.3.3. Níquel (Ni) e Vanádio (V)

4.3. 4. Composições isotópicas do carbono

4.3.5. Composições do petróleo bruto

a- Saturados

b-Aromáticos

c-Resinas e Asfaltenos

5. Objectivos gerais

O principal objetivo do estudo é colocar à disposição do sector petrolífero uma base de dados geoquímica consistente e funcional para os petróleos do Golfo do Suez. As análises a efetuar incluirão as técnicas-padrão mais rotineiras do petróleo e também as análises pormenorizadas mais recentes que representam os últimos desenvolvimentos em geoquímica. O programa analítico é extenso e foi concebido para fornecer os dados de composição necessários para efetuar correlações pormenorizadas óleo/óleo e, se necessário, correlações óleo/fonte.

Espera-se que os resultados das análises do petróleo identifiquem e ilustrem agrupamentos e tendências no Golfo do Suez. Um outro objetivo do presente estudo é reunir e apresentar interpretações gerais dos dados e identificar e comentar esses agrupamentos e tendências. O estudo sugerirá explicações para os desvios e anomalias, indicando a sua importância para a exploração ou produção. Uma vez publicada a base de dados, espera-se que alguns participantes possam desejar instigar mais trabalho analítico ou interpretação. Em resumo, o estudo proposto gerou muito interesse e ideias.

6. Objectivos técnicos

Os objectivos técnicos específicos do estudo são os seguintes

1. Fornecer uma base de dados geoquímica consistente e actualizada de uma vasta gama de petróleos do Golfo do Suez. Foram selecionadas análises padrão da indústria para caraterizar completamente o hidrocarboneto, para integrar os dados deste estudo com dados pré-existentes e para incorporar dados futuros.
2. Determinar o número de famílias distintas de petróleo presentes e avaliar as variações nas suas fácies de origem. Pensa-se atualmente que existe mais do que uma rocha geradora para os crudes do Golfo do Suez. O número de rochas geradoras de petróleo efectivas numa bacia pode ser determinado pelo reconhecimento do número de famílias de petróleo na bacia utilizando técnicas geoquímicas. A previsão dos ambientes de deposição das fontes, ou outras caraterísticas, pode ser efectuada com base nas distribuições de biomarcadores e na composição de isótopos estáveis dos petróleos brutos correspondentes (Rohrback 1983). Este estudo, combinado com o conhecimento da geologia regional, resultará numa melhor definição das cozinhas-fonte efectivas e, consequentemente, na avaliação dos recursos.
3. Determinar e caraterizar a natureza de qualquer alteração dos fluidos de hidrocarbonetos nos reservatórios. Por exemplo, pensa-se que o petróleo bruto de baixa gravidade dos campos petrolíferos pode estar relacionado com a fuga da fração de baixo peso molecular devido a uma fuga do selo ou a processos de degradação. Por conseguinte, a compreensão de como e onde a alteração do petróleo bruto ocorre, ou é suscetível de ocorrer, é considerada de grande importância para qualquer exploração.

O presente trabalho procura avaliar as relações geoquímicas entre os petróleos recuperados de alguns campos petrolíferos no Golfo do Suez (Fig. 3), para avaliar e investigar a caraterização dos petróleos, a maturação, os ambientes de deposição das fontes e as famílias de petróleos.

7. Base de dados do estudo

Foi obtida autorização para analisar amostras dos seguintes campos de produção e poços de petróleo:

Quadro 1: Campos petrolíferos em estudo no Golfo do Suez, Egito

GS	Ramadão	GS 327-2
Asl	Morgan	Amal-6
Lagia	Abu Durba	GH 376-1
Ras Budran	Gemsa	GS 392-2
Terreno Balayim	Sidky	GH 452-1A
Ruahmi	Baía de Zeit	
Bakr		

Estas amostras de petróleo, que representam vários reservatórios, foram recolhidas em diferentes poços. O autor classificou estes poços em poços de petróleo do norte, incluindo GS-24-1, Asl-4, Lagia-3, Ras Budran-6, Balayim Land-7, Ruahmi-1 e Bakr-77. Por outro lado, os poços Ramadan-13, Morgan-51, Abu Durba-9, Gemsa-2, Sidky-4 e Zeit Bay-2 correspondem aos poços de petróleo do sul.

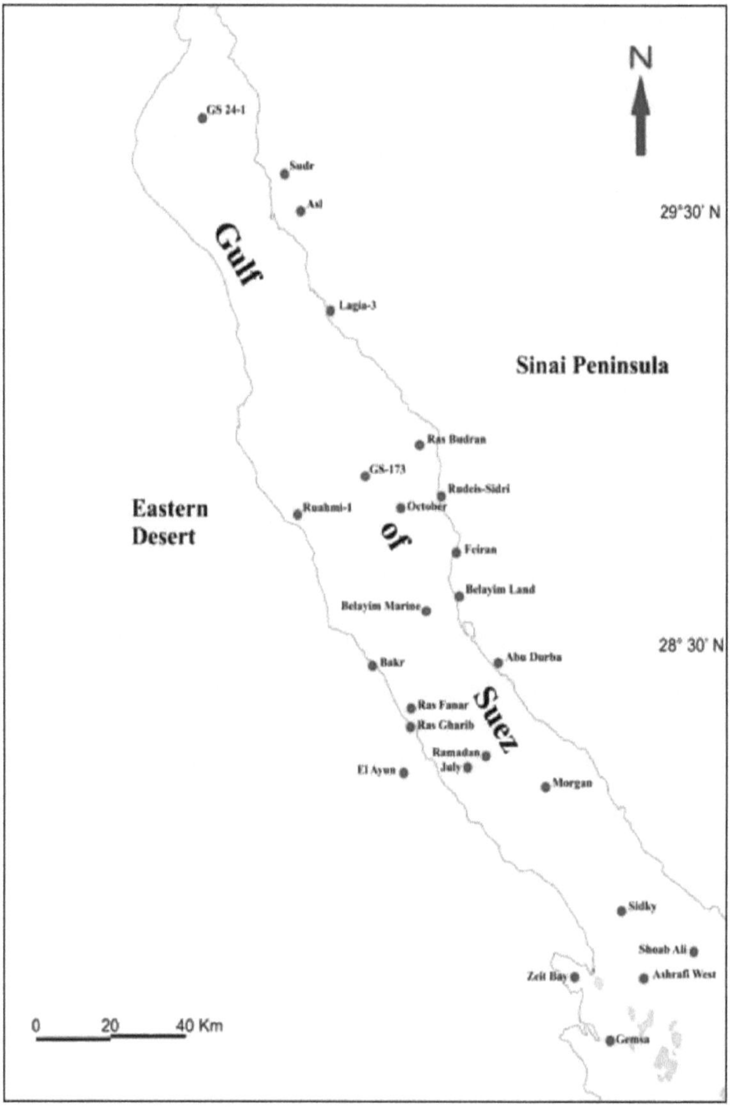

Figura 1: Mapa de localização dos petróleos estudados dos campos petrolíferos do Golfo do Suez

8. Abordagem analítica

- Cada amostra de petróleo bruto foi destilada até 200°C à pressão atmosférica. A fração residual (> 200°C) foi desasfaltada de acordo com o procedimento normalizado IP-143.
- Gravidade API: é uma medida da densidade dos óleos brutos a 15,6oC (60oF) de acordo com Waples (1985).

- Teor de enxofre: foi determinado por um medidor de enxofre de raios X, modelo RX-500 S, de acordo com o procedimento ASTM D-42914, e os resultados expressos em percentagem em peso. Os teores de níquel (Ni) e de vanádio (V) foram determinados por espetroscopia de absorção atómica, segundo o método ASTM D-3327.

- Os valores dos isótopos de carbono são obtidos convertendo a amostra em CO_2 numa atmosfera de oxigénio a 86° C, depois, utilizando um espetrómetro de massa, a quantidade relativa de ^{13} C e ^{12} C na amostra é medida e comparada com a do padrão Peedee Belemnite (calcário PDB). Os resultados são expressos em desvio permilagem (δ%σ) e são calculados utilizando a seguinte equação:

$$\delta\,^{13}C = \left(\frac{(^{13}C\,/\,^{12}C)\ \text{sample}}{(^{13}C\,/\,^{12}C)\ \text{standard}} - 1 \right) \text{x}1000$$

- Os resíduos desasfaltados de óleos brutos e betumes foram separados em saturados, aromáticos e resinas, incluindo compostos NSO, por cromatografia em coluna. A coluna foi enchida com alumina 1:1 (em peso) sobreposta a gel de sílica, de modo a que o peso da amostra (sem asfaltenos) fosse cerca de 2% do peso combinado dos materiais enchidos. A eluição sucessiva com n-heptano, tolueno e clorofórmio produziu fracções saturadas de aromáticos e resinas com componentes NSO, respetivamente. As fracções obtidas foram libertadas dos solventes por evaporação. Os resultados são expressos em percentagem em peso do óleo total e dos extractos.

- A análise cromatográfica em fase gasosa das fracções saturadas de hidrocarbonetos foi efectuada por um instrumento Perkin Elmer, modelo 8700, equipado com um detetor de ionização de chama (FID). A temperatura do forno foi programada para 100 a 320° C a 3° C/min. e o tempo final 20 min. Foi utilizada uma coluna capilar SPB-1 de 60 m de comprimento e 0,53 i.d. Utilizou-se azoto como gás de arrastamento, sendo o caudal ótimo de 6 ml min.

Quadro 2: Informações geológicas das amostras de petróleo dos campos petrolíferos do Golfo do Suez

Poços	Reservatórios	Profundidade (ft.)
GS	Núbia	3131
Asl	Nukhle	2399
Lagia	Núbia	3040
Ras Budran	Rudies inferiores	2550
Terreno Balayim	Kareem	2246
Ruahmi	Rudies inferiores	2600
Bakr	Rudies superiores	2268
Ramadão	Núbia	1489
Morgan	Kareem	1340
Abu Durba	Kareem	1670
Gemsa	Nukhle	1486
Sidky	Rudies inferiores	1511
Baía de Zeit	Rudies inferiores	1250
GS 327-2	Rudies	5720
Amal-6	Rudies	7058
GH 376-1	Rudies	8589
GS 392-2	Kareem	9011
GH 452-1A	Belayim	4606

- A cromatografia gasosa-espetrometria de massa utilizou uma coluna capilar de sílica fundida de 50 m x 0,25 mm de ligação SE 54, instalada num espetrómetro de massa combinado de cromatografia gasosa/ quadrupolo MAT TSQ-70 da Finnigan. O forno da coluna foi programado de 100 a 310° C a 4oC/min.

As análises foram efectuadas nos laboratórios do Egyptian Petroleum Research Institute (EPRI) e no laboratório central do National Research Center (NRC). Para o efeito, treze amostras de petróleo foram gentilmente fornecidas pela (EGPC) das empresas Gulf of Suez e Balayim Petroleum.

9. Propriedades físicas dos óleos brutos

9.1. Gravidade específica (° API) e teor de enxofre

A gravidade API dos petróleos brutos é utilizada como indicador da maturação do petróleo. Assim, os petróleos com menos de 20° API são imaturos, e os que têm mais de 20° API são maduros (Tissot e Welt, 1984). No presente estudo, os poços de petróleo do norte (GS, Asl, Lagia, Ras Budran, Balayim Land, Ruahmi e Bakr) têm uma gama de gravidade API de (31,18° a 35,98° , Tabela 3). Em contrapartida, os poços de petróleo do sul (Ramadan, Morgan, Abu Durba, Gemsa, Sidky e Zeit Bay) têm um valor API entre 19,19° e 20,36° (Tabela 3). Este facto pode sugerir a existência de petróleos moderadamente maduros. Esta conclusão é confirmada pela relação (Fig. 3a), em que o nível de maturidade das amostras de petróleo aumenta com as profundidades e a gravidade API (Waples, 1985).

O teor de enxofre foi utilizado por Tissot e Welte (1984) e Waples (1985) como indicador da origem da fonte. Assim, os óleos provenientes de fontes marinhas têm enxofre (<1 %) e os óleos provenientes de fontes não marinhas têm enxofre (>1 % S). Além disso, a maturidade dos óleos é mais sensível ao teor de enxofre; aumenta com a diminuição da percentagem de enxofre (Waples, 1985 e Gray et al., 1987). É óbvio que os poços de petróleo do norte são mais maduros e parecem ter origem em matérias orgânicas marinhas e podem ser classificados como óleos leves (S % = 0,36 a 0,49, ou seja, < 1, Tabela 1 e Fig. 4b). Os petróleos do sul provêm de fontes não marinhas e parecem ser menos maduros, como indicado pelo teor de enxofre, podendo ser classificados como petróleos pesados (1,18 % a 2,10 %, Quadro 3 e Fig. 4b).

Tabela 3. Gravidade API e percentagem de enxofre de amostras de petróleo no Golfo do Suez, Egito

Poços	°API	Enxofre (%)	NSO + Asfalto
GS	32.58	0.42	21.18
Asl	35.20	0.36	29.15
Lagia	34.12	0.41	19.40
Ras Budran	34.79	0.49	30.11
Terreno Balayim	35.98	0.38	16.10
Ruahmi	33.68	0.41	11.71
Bakr	31.18	0.40	28.83
Ramadão	20.36	2.10	4.85

Morgan	15.42	1.68	6.54
Abu Durba	16.19	1.80	19.06
Gemsa	20.11	1.21	18.66
Sidky	18.37	1.18	23.00
Baía de Zeit	19.60	1.88	18.60

Assim, não há correlação entre as amostras de óleo estudadas com base nas propriedades físicas, como mostra a Fig. (4). Por conseguinte, as amostras de óleo podem ser distinguidas em: óleos com° API (31,18° a 35,98°), teor de enxofre (0,36% a 0,49%) e heterocompostos (asfaltenos + compostos NSO) (11,71% a 30,11%) (Tabela 3), denominados óleos leves pertencentes ao querogénio de tipo I (Fig. 4c). Óleos caracterizados por° API (19,19° a 20,36°), teor de enxofre (1,18% a 2,11%) e heterocompostos (4,85% a 23,00%), denominados óleos pesados pertencentes ao querogénio tipo II (Tabela 3 e Fig. 4b), de acordo com Martinz et al. (1984) e Marthur et al. (2001).

9.2. Níquel e vanádio

As concentrações de níquel (Ni) e vanádio (V) foram registadas em vários petróleos brutos, embora se acredite geralmente que entraram no momento da sua formação. Estes metais são os principais no petróleo (Lewan, 1984) e existem no petróleo em grande parte como complexos de porfirina. Barwise (1990) reconheceu que os óleos provenientes de carbonatos marinhos apresentam concentrações elevadas de níquel e de vanádio, e que os rácios vanádio/vanádio + níquel são iguais ou inferiores a 1. Os óleos provenientes de rochas lacustres apresentam baixas quantidades de metais (<20ppm) e têm rácios vanádio/vanádio + níquel mais elevados (>2). Foram recolhidas cinco amostras de petróleo bruto de poços produtivos dos campos petrolíferos GS 277-1, 6 de julho, GH376-1, GS 392-2 e GH 452-1A no Golfo Sul do Suez. A maioria dos petróleos produzidos nestes poços provinha principalmente do reservatório Rudies da idade do Miocénico inicial, do reservatório Kareem do Miocénico médio e do reservatório Belayim da idade do Miocénico superior (Naglaa et al, 2014). Os petróleos brutos estudados têm concentrações elevadas de teor de níquel, variando de 25ppm a 52ppm, e de vanádio, variando de 26ppm a 52ppm (Tabela 4), bem como rácios de vanádio/vanádio + níquel, variando de 0,38 a 0,65 (<1, Tabela 4), o que reflecte o petróleo gerado a partir de origem carbonatada marinha.

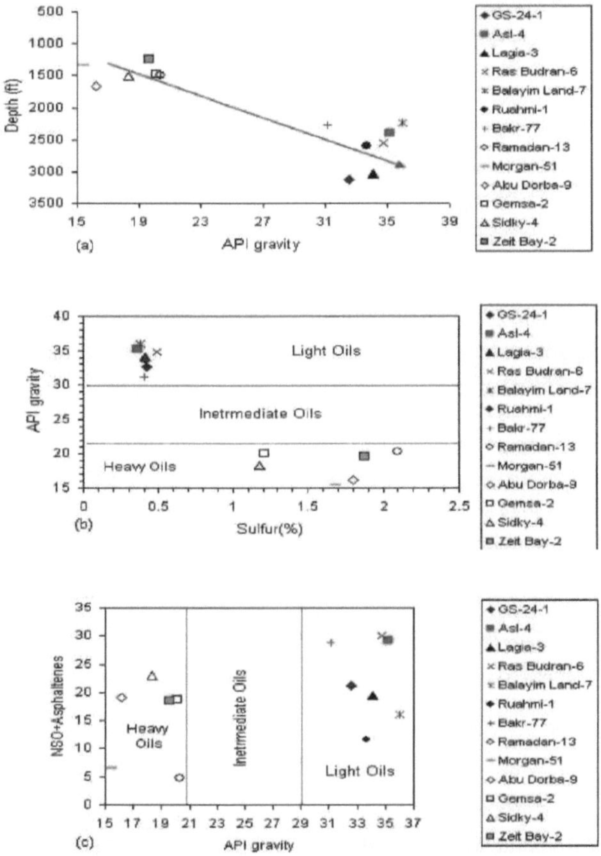

Fig. 4: Relação entre as propriedades físicas das amostras de petróleo no Golfo do Suez, Egito

Tabela 4. Percentagem de níquel e vanádio em amostras de petróleo no Golfo do Suez, Egito (Naglaa e El Nady, 2014)

Poços	Níquel (Ni)	(V)	V/V+Ni
GS 327-2	30.0	40.0	0.57
Amal-6	33.0	52.0	0.61
GH 376-1	52.0	28.0	0.35
GS 392-2	25.0	41.0	0.62
GH 452-1A	36.0	26.0	0.42

9.3. Isótopo de carbono

Os valores isotópicos do carbono para a fração saturada e para a fração aromática das amostras de óleo em análise variam entre -25,7 e -28,9 e entre -24,9 e -29,4, respetivamente (Quadro 1). Estes valores indicam uma pequena variação na composição isotópica dos óleos, devido ao nível de maturação entre as amostras de óleo (Peters et al., 2000). Este facto indica que os óleos da área de estudo são principalmente de origem marinha (Fig. 5).

Por outro lado, a composição isotópica das fracções petrolíferas (saturados e aromáticos) pode ser utilizada para distinguir os óleos marinhos dos óleos terrestres, aplicando uma relação matemática denominada variável canónica (CV, Sofer 1984). A relação entre a variável canónica (CV) e a composição isotópica dos hidrocarbonetos saturados e aromáticos é dada pela seguinte equação (Sofer, 1984).

$$CV = -2.53\ \delta^{13}C_{saturates} + 2.22\ \delta^{13}C_{aromatics} - 11.65$$

A amostra de óleo com valor de CV inferior a 0,47 é classificada como óleo marinho e aquela com CV superior a 0,47 é classificada como óleo terrestre. Os valores calculados (CV) das amostras de petróleo bruto em estudo revelaram que as amostras de petróleo têm valores de CV que variam entre (-1,91 e -3,30, Tabela 5), o que indica um óleo não ceroso rico em matéria orgânica marinha.

Tabela 5. Composições isotópicas de carbono de amostras de petróleo no Golfo do Suez, Egito (Naglaa et al, 2014)

Poços	δ^{13} Saturados%	δ Aromáticos%^{13}	CV
GS 327-2	-28.9	-28.6	-2.03
Amal-6	-28.5	-28.2	-2.15
GH 376-1	-29.1	-29.4	-3.30
GS 392-2	-25.7	-24.9	-1.91
GH 452-1A	-25.7	-25.4	-3.02

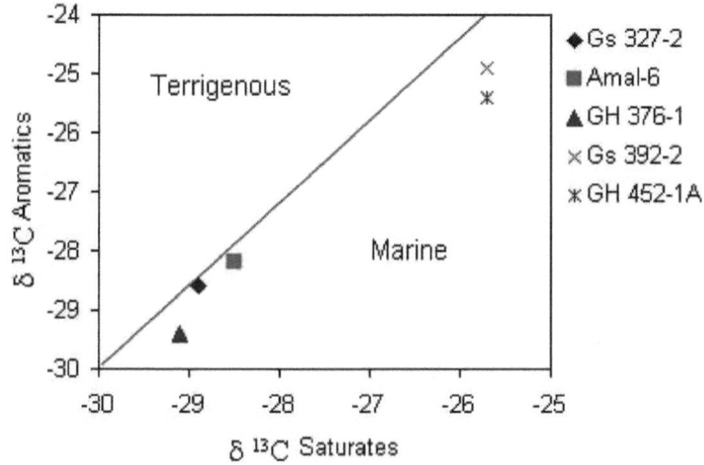

Fig. 5. A Relação entre o isótopo de carbono dos saturados e a fração aromática do petróleo bruto dos campos petrolíferos do Golfo do Suez, Egito

10. Propriedades específicas

10.1. Composição a granel

A composição global dos petróleos brutos (saturados, aromáticos, asfaltenos e resinas) é apresentada na Tabela (6). As amostras de petróleo estudadas são classificadas em duas classes de petróleo conhecidas como óleos nafténicos e aromáticos intermédios. Estes indicam uma variação no nível de maturidade e nos ambientes de deposição das fontes (Tissot e Welte, 1984).

Tabela 6. Composição a granel (saturados, aromáticos, asfaltenos e resinas) de amostras de petróleo no Golfo do Suez, Egito

Poços	satureados	aromáticos	NSO + Asfalto
GS	32.58	0.42	21.18
Asl	35.20	0.36	29.15
Lagia	34.12	0.41	19.40
Ras Budran	34.79	0.49	30.11
Terreno Balayim	35.98	0.38	16.10
Ruahmi	33.68	0.41	11.71
Bakr	31.18	0.40	28.83
Ramadão	20.36	2.10	04.85
Morgan	15.42	1.68	06.54
Abu Durba	16.19	1.80	19.06
Gemsa	20.11	1.21	18.66
Sidky	18.37	1.18	23.00
Baía de Zeit	19.60	1.88	18.60

10. 2. N-alcanos e isoprenóides

A distribuição de alcanos normais e isoprenóides em óleos crus é útil na identificação da origem genética e dos ambientes de origem (Peters e Moldowan, 1993). As impressões digitais da cromatografia gasosa para os hidrocarbonetos saturados das amostras de petróleo bruto estudadas são apresentadas na (Fig. 6). Esta figura mostra que os poços de petróleo do norte (GS, Asl, Lagia, Ras Budran, Fig. 6) parecem ser maduros, com base na abundância de n-alcanos na gama n-C15 a n-C25, preferência de carbono ligeiramente uniforme e concentração moderada a baixa de alcanos normais pesados. O aumento da concentração de n-

C15 a n-C25, sugere matérias orgânicas marinhas com contribuição para a biomassa de algas e plâncton (Peters e Moldowan, 1993).

O índice de preferência de carbono (IPC), obtido a partir da distribuição de n-alcanos, é afetado tanto pela origem como pela maturidade dos petróleos brutos [11]. Os valores do IPC dos petróleos brutos estudados, calculados de acordo com a fórmula de Waples [1], estão listados na Tabela (7). É evidente que as amostras de petróleo têm valores de IPC próximos da unidade, variando entre (0,87 e 1,10). Estes valores indicam muito provavelmente a origem marinha dos petróleos brutos maduros.

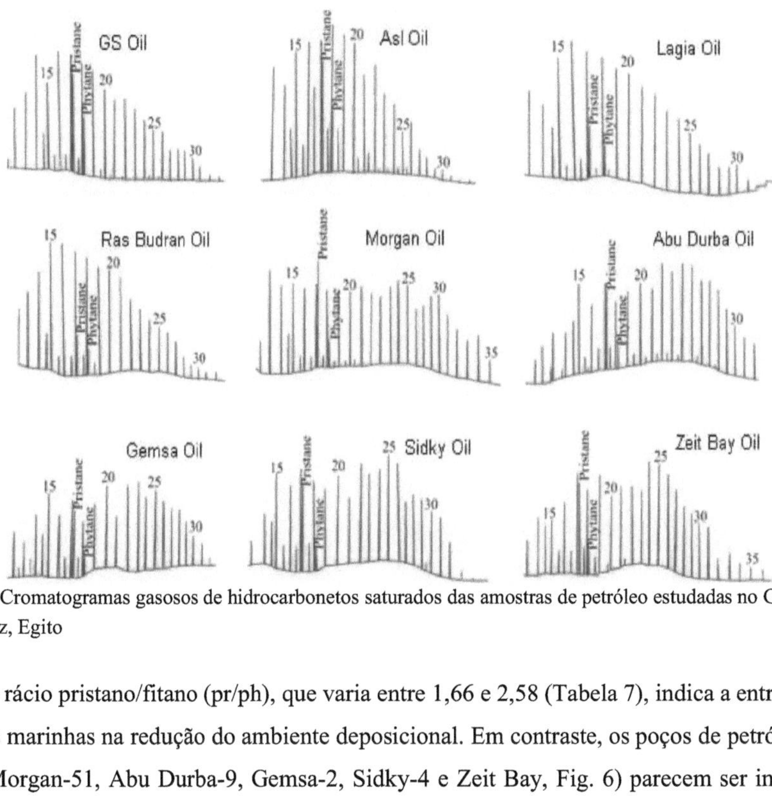

Fig. 6. Cromatogramas gasosos de hidrocarbonetos saturados das amostras de petróleo estudadas no Golfo do Suez, Egito

O rácio pristano/fitano (pr/ph), que varia entre 1,66 e 2,58 (Tabela 7), indica a entrada de fontes marinhas na redução do ambiente deposicional. Em contraste, os poços de petróleo do sul (Morgan-51, Abu Durba-9, Gemsa-2, Sidky-4 e Zeit Bay, Fig. 6) parecem ser inversos aos poços de petróleo permeáveis. Este facto é indicado por uma grande quantidade de alcanos normais pesados (n-C25 a n-C30) e uma preferência por carbono estranho. Estes dados reflectem petróleos moderadamente maduros, de origem não marinha, principalmente matérias orgânicas terrestres, depositadas em ambiente ligeiramente oxidante.

Os valores do índice de preferência de carbono (CPI) dos petróleos brutos de Morgan-51,

Abu Durba-9, Gemsa-2, Sidky-4 e Zeit Bay (Tabela 7) variam entre (1,12 e 2,10). Estes valores indicam muito provavelmente uma origem moderadamente marinha dos petróleos brutos maduros. O rácio pristano/fitano (pr/ph), que varia entre 1,79 e 2,31 (Quadro 7), indica a entrada de fontes terrestres no ambiente de deposição redutor.

Tabela 7. Dados geoquímicos obtidos por cromatografia gasosa de amostras de petróleo no Golfo do Suez, Egito

Poços	Pristano/phytano	Pristane/n-C17	Fitano/n-C18	IPC
GS	1.67	0.32	0.28	0.87
Asl	2.58	0.46	0.51	0.89
Lagia	1.91	0.25	0.29	0.99
Ras Budran	2.58	0.56	0.63	0.91
Terreno Balayim	1.66	0.37	0.48	1.00
Ruahmi	1.69	0.37	0.39	1.10
Bakr	2.24	0.15	0.34	0.99
Ramadão	1.60	2.16	0.79	1.10
Morgan	0.72	2.10	0.68	1.12
Abu Durba	1.78	1.83	0.60	1.14
Gemsa	1.49	1.98	0.53	1.23
Sidky	1.19	1.79	0.54	1.45
Baía de Zeit	1.22	2.31	0.46	2.10

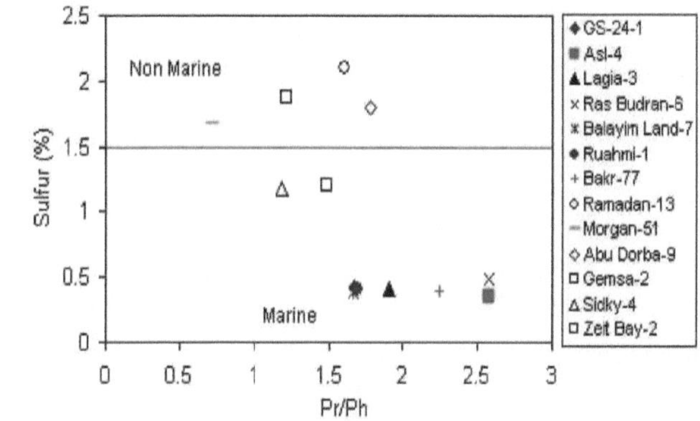

Fig. 7. Razões pristano/fitano vs. enxofre (%) das amostras de petróleo estudadas no Golfo do Suez, Egito

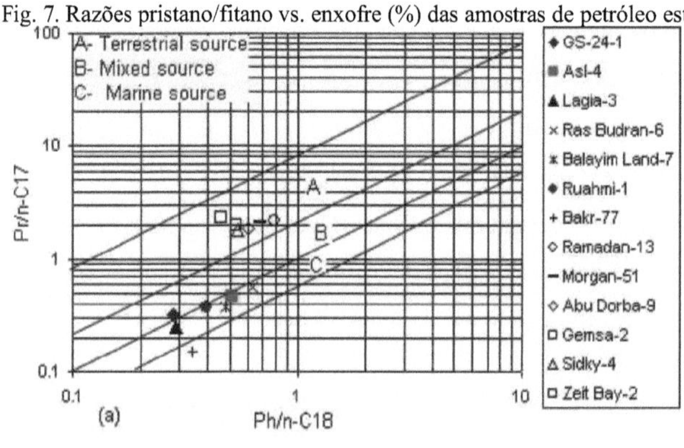

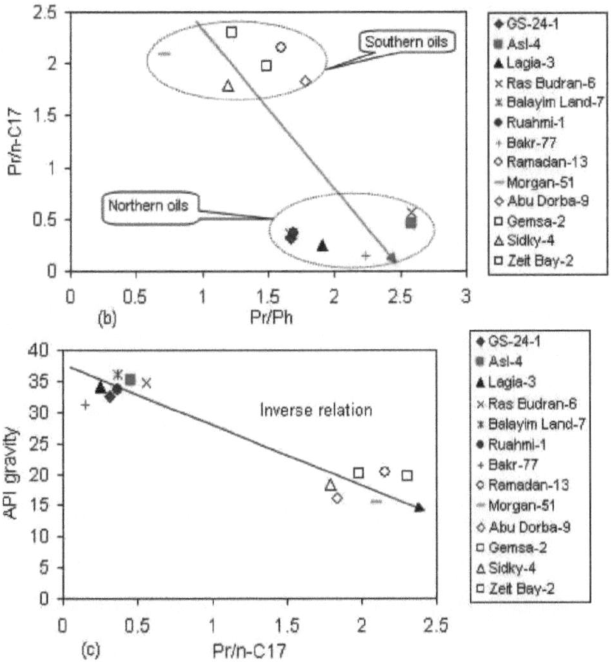

Fig.8. Relação entre isoprenóides (isoprenóides/n-alcanos, am b), isoprenóides e gravidade API das amostras de petróleo estudadas no Golfo do Suez, Egito

A relação entre os isoprenóides (pr/ph) e a percentagem de enxofre (Fig. 7) confirma estas conclusões. A variação dos rácios pristano/fitano e da percentagem de enxofre sugere uma variação nos níveis de salinidade do seu ambiente de deposição (Ten Haven et al., 1988). Os rácios isoprenóides/n-alcanos (pr/n-C17 e ph/n-C18, Tabela 7) sugerem que as matérias orgânicas marinhas, principalmente algas, se depositaram em ambiente redutor nos petróleos do Norte, enquanto as matérias orgânicas terrestres se depositaram em ambiente oxidante nos petróleos do Sul (Fig. 8a). Além disso, os petróleos do Norte parecem ser mais maduros do que os do Sul. A relação entre pr/ph e pr/n-C17 (Fig. 8b) reforça esta conclusão. É óbvio que os poços de petróleo do sul estão localizados na direção do aumento da maturação. Além disso, a relação entre as gravidades API e pr/ph e pr/n-C17 (Fig. 8c) indica uma relação genética estreita entre os petróleos de cada grupo, em que cada um deles é semelhante em termos de propriedades físicas e específicas.

10. 3. Distribuição dos esteranos (m/z 217)

A distribuição de esteranos é caracterizada pela predominância de esteranos C_{27} e por uma ligeira baixa abundância de C_{28} e C_{29}, bem como pela concentração relativamente elevada de diasteranos C_{27} (Fig. 9) no caso dos óleos do Norte, o que indica a entrada de uma fonte orgânica marinha.

A quantidade de diasteranos C_{27}, o índice de diasteranos e a concentração dos isómeros (20S) e (20R) influenciam o nível de maturidade dos óleos brutos. Peters e Moldowan (1993); Petersen et al., (2000) e Andrew et al. (2001) reconheceram que o nível de maturidade dos óleos aumenta com o aumento destes parâmetros (ou seja, uma concentração elevada de C_{27} diasteranos, > 0,1 índice de diasteranos, e > 0,5 C_{29} 20S/20S+20R, revelam um nível de maturidade elevado). Assim, é óbvio que os óleos do norte têm uma elevada concentração de C_{27} diasteranos (Fig. 9) com um índice de diasteranos que varia entre 0,19 e 0,71 e C_{29} 20S/20S+20R entre 0,51 e 0,63 (Quadro 8). Em contraste, os óleos do sul têm uma quantidade baixa do parâmetro acima mencionado, como se pode ver na Fig. (9) e na Tabela (8). Estes dados revelam que os petróleos dos poços do norte são caracterizados por um nível de maturidade mais elevado do que os outros.

Enquanto no caso dos óleos do sul, mostramos uma quantidade ligeiramente baixa de C_{27} diasteranos e alta abundância de C_{29} sobre C_{27} esteranos e (Fig. 9), sugerindo matérias orgânicas terrestres.

Quadro 8: Dados dos marcadores biológicos das amostras de petróleo dos campos petrolíferos do Golfo do Suez

	Nome do poço								
dados geoquímicos	GS	Lagia	Ras Budran	Rudies	Terra de Belayim	Abu Dorba	Morgan	Sidky	Gemsa
Reservatórios	Núbia	Núbia	Rudies	Kareem	Rudies	Kareem	Kareem	Nukhle	Rudies
Diasteranes Índice	0.19	0.45	0.52	0.38	0.64	0.71	0.06	0.03	0.09
C2920S/ 20S+20R	0.51	0.57	0.49	0.70	0.63	0.58	0.34	0.32	0.40
Ts/Tm	0.73	0.61	0.52	0.71	0.54	0.80	0.33	0.40	0.35
C29/C30 Hopane	1.00	1.35	1.32	1.40	1.15	0.78	0.50	0.17	0.00
Gammacerano Índice	0.65	0.53	0.49	0.57	0.65	0.58	0.35	0.27	0.39
Índice de Homohopane	0.17	0.19	0.34	0.45	0.57	0.39	0.01	0.02	0.01
C_{27} Diasteranes/ C_{27} R. Steranes	2.10	1.60	1.03	1.30	1.12	1.60	3.71	3.20	3.40
C_{29} Esteranos/ C_{29} Hopane	5.95	4.56	5.10	6.16	5.64	3.10	2.32	1.76	2.98

Índice de homohopanos = (C_{35} homohopano S + R)/(C_{31} + C_{32} + C_{33} +C_{34} + C_{35} homohopanos S + R). Índice de gammacerano =

gammacerano/(gammacerano + C_{30} hopano). Índice de diasteranos = (C_{27} diasteranos S + R)/[(C_{27} diasteranos + R) + C_{29} esteranos S + R)].

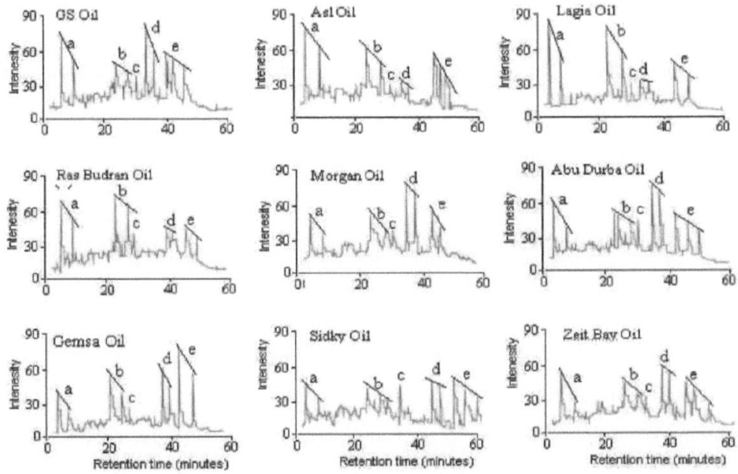

Fig. 9: Esteranos de hidrocarbonetos saturados de HC saturados dos petróleos brutos estudados.

Triterpanos (m/z 191)		Esteranos (m/z 217)	
Picos	Compostos Nome	Picos	Compostos Nome
a	Terpano tricíclico	a	C_{27} diasterano (20S)
b	C27 Trisnorneohopan (Ts)	b	C_{27} sterane (20S)
c	C27 Trisnoropano (Tm)	c	C_{29} diasterano (20R)
d	C29 hopano	d	C_{28} sterane (20S)
e	C28 Bisonorhopans	e	C_{29} sterane (20S)
f	C29 Normoretano		
g	C30 Hopane		
h	C29 -Moretano		
i	C30 Gammacerância		
j	C32 Homohopano (22R)		
k	C33 Homohopano (22R)		
l	C34 Homohopano (22S)		
m	C35 Homohopano (22R)		

Quadro 9 Identificação dos picos nos fragmentogramas de massa dos triterpanos (*M/Z191*) e dos esteranos (*M/Z* 217)

10. 4. Triterpanos, m/z 191

10. 4. 1. Terpanos tricíclicos

A concentração de terpanos tricíclicos nos óleos brutos é mais sensível aos paleoambientes específicos (Waples e Machihara, 1992 e Andrew et al., 2001). Além disso, tem sido utilizado como um indicador qualitativo de maturidade (Van Grass, 1990). Nos óleos de elevada maturidade, os terpanos tricíclicos são mais dominantes do que nos óleos de baixa maturidade (Hunt, 1996). O nosso estudo revela que a concentração de terpanos tricíclicos nas amostras de azeite do Norte (Fig. 10) é ligeiramente superior à dos outros azeites (Fig. 10). Este facto pode corroborar a ideia de que os petróleos do norte são mais maduros do que os do sul e provêm principalmente de rochas carbonatadas.

10. 4.2. Razões Ts/Tm e C29/C30 do hopano

O rácio de Ts (trisnorneohopane) para Tm (trisnorhopane) superior a (0,5) aumenta à medida que a porção de xisto em fácies calcárias diminui (Riva et al., 1989 e Hunt, 1996). Além disso, este rácio provou ser útil nas previsões de paleofácies, embora não tão decisivo como os parâmetros maduros. Van Grass (1990) afirmou que os rácios Ts/Tm começam a diminuir bastante tarde durante a maturação, mas Waples e Machihara (1992) referiram que o rácio Ts/Tm não parece ser apropriado para a estimativa quantitativa da maturidade. No presente estudo, mostramos que os rácios Ts/Tm variam entre 0,52 e 0,80 para os azeites do Norte (Quadro 8). Estes rácios elevados sugerem que ambos os petróleos foram gerados principalmente a partir de fácies calcárias, em comparação com os rácios Ts/Tm dos outros petróleos (Fig. 10 e Tabela 8).

Os rácios de hopano C29/C30 são geralmente elevados em óleos gerados a partir de carbonatos ricos em orgânicos e evaporados (Connan et al., 1986; Price et al., 1987 e Riva et al., 1989). As amostras de óleo do norte têm uma concentração mais elevada de hopano C29 do que de hopano C30 (Fig. 10), com rácios elevados de hopano C29/C30 que variam entre 0,78 e 1,40 (Tabela 8). Por outro lado, os óleos do sul têm uma concentração baixa de C29 do que C30 hopano (Fig. 10), com valores baixos de C29/C30 hopano (0,15 a 0,50, Tabela 8). Estes dados ilustram que as amostras de petróleo do Norte podem ter origem em rochas geradoras ricas em matérias orgânicas carbonosas do que os petróleos do Sul. Esta hipótese é confirmada pela baixa abundância de moretano C30, pela gammacerância e pela concentração ligeiramente elevada de bisnoropanos C28 (Fig. 10), se comparada com os petróleos do Sul (Fig. 10), de acordo com Philip (1985); Mann et al. (1987); Riediger et al. (1990) e Waples e Machihara, (1992).

10. 5. Famílias de óleos

Existem duas famílias de óleos, geoquimicamente distintas, nos campos petrolíferos estudados do Golfo do Suez. A primeira, que inclui a parte norte, tem caraterísticas de biomarcadores que indicam óleos marinhos. A segunda, que inclui a parte sul, tem caraterísticas típicas de derivação de rochas de origem terrestre.

10. 5. 1. Óleos marinhos

Os óleos marinhos têm uma preferência distinta por carbono par/ímpar na gama de C_{15} a C_{25}, uma quantidade elevada de diasterância C_{27}; além disso, valores elevados do índice de diasteranos e valores elevados de

A concentração de esteranos regulares C_{27} indica ambientes típicos de lagos salinos. A distribuição de homohopanos (C_{32}, C_{33} e C_{34}) está bem preservada, como mostra a Fig. 10 e a Tabela 8, indicando um ambiente de deposição anóxico fortemente redutor. Para além disso, os valores do índice de homohopanos variam entre 0,12 e 0,57 (Tabela 8) e são significativamente mais elevados nos óleos derivados de lacustres hipersalinos do que nos óleos derivados de lacustres de água doce (Andrew et al., 2001). Estes dados sugerem que o óleo marinho hipersalino, depositado em ambientes redutores (Mello et al., 1988; Peters e Moldowan, 1993). Além disso, as distribuições de C_{29} diasteranos/C_{27} esteranos regulares vs. C_{29} esteranos /C_{29} hopanos (Fig. 10) reflectem rochas de origem ricas em matéria orgânica marinha. Por outro lado, estes óleos parecem ser altamente maduros. Todos estes dados confirmam que este grupo de óleos é altamente maduro.

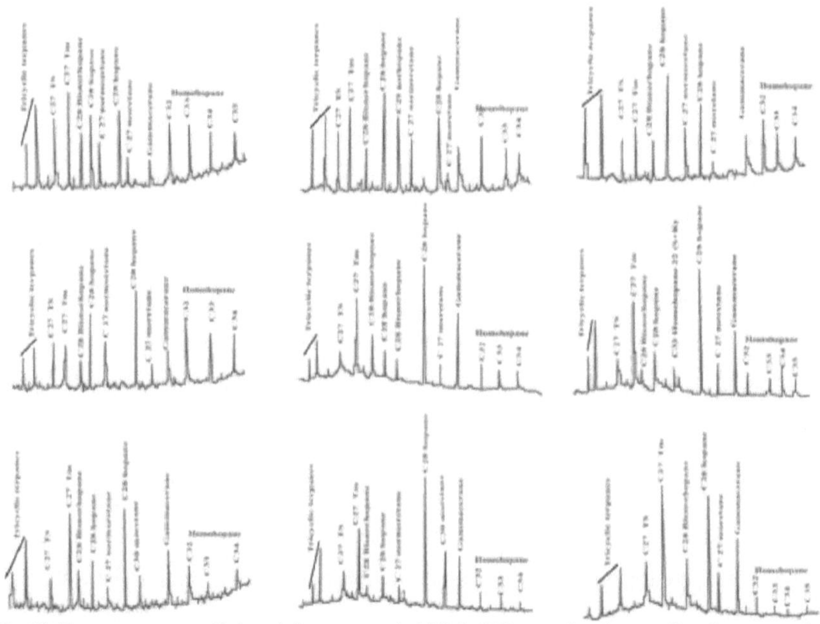

Fig. 10. Fragmentogramas iónicos (triterpanos, m/z 191) de HC saturados dos petróleos brutos estudados

10. 5. 2 Óleos terrestres

Esta família tem um rácio pristano/fitano que varia entre 0,72 e 1,78 (Tabela 7) e apresenta uma grande quantidade de alcanos normais pesados (> C_{25}) com distribuições de carbono pares e ímpares. Isto indica rochas de origem xistosa ricas em matéria orgânica terrestre (Tissot e Welte, 1984; Moldowan et al., 1985). A percentagem relativamente elevada de C_{28} e C_{29} em comparação com C_{29}, a baixa concentração de C_{27} diasteranos e o baixo índice de diasterância de 0,03 a 0,09 (Tabela 8) indicam que a rocha geradora de xisto é rica em matéria orgânica terrestre (Sieskind et al., 1979, Huang e Meinschein, 1979). As concentrações de homohopano C_{32}, C_{33} e C_{34} são relativamente baixas. Isto reflecte os óleos marinhos, como se pode ver na Fig. 10, com um índice de homohopano de 0,01 a 0,06 (Tabela 8). A gamacerância é elevada (Fig. 10 e o índice de gamacerância é relativamente baixo (0,18 a 0,39, Tabela 8. Estes dados indicam um ambiente oxidante e ligado ao terrestre com uma contribuição menor de rochas de origem hipersalina (Moldowan et al., 1985; Fu et al., 1986 e Fowler, 1986). Por outro lado, as distribuições de C_{29} diasteranos/ C_{27} esteranos regulares vs. C_{29} esteranos/C_{29} hopanos (Tabela 8) reflectem o óleo derivado de rochas geradoras ricas em matérias orgânicas terrestres (Fig. 11. Estes dados sugerem que esta família de óleos pode estar moderadamente amadurecida em comparação com a família de óleos marinhos.

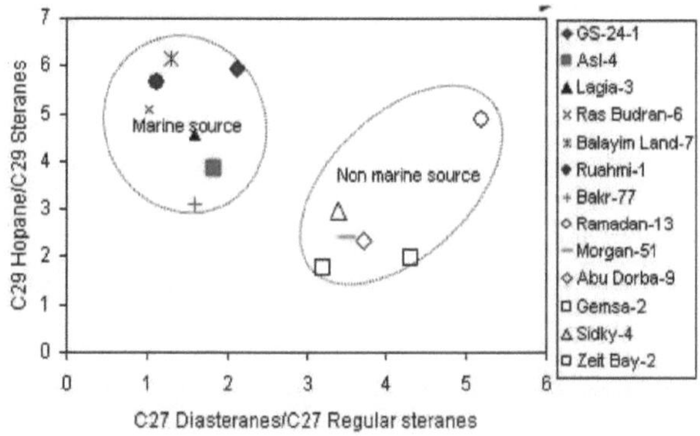

Fig. 11: Gráfico cruzado de biomarcadores dos rácios C27 diasteranos/C27 esteranos regulares vs. C30 hopanosC/29 esteranos (Modificado de Obermajer et al., 1999)

10. 6. Petróleo: Correlações do petróleo

As correlações óleo: óleo dos óleos dependem das semelhanças ou diferenças distintas nas suas caraterísticas físicas e químicas no seu reservatório. Estas diferenças ou semelhanças distintas dependem do processamento que actua sobre os hidrocarbonetos separados, como a maturação térmica, a biodegradação, a migração e a lavagem com água. Estes processos não afectam os parâmetros necessários para a correlação (Tissot e Welet, 1984). Esta correlação depende dos parâmetros geoquímicos dos petróleos, tais como as propriedades a granel como a gravidade API, o teor de enxofre e os heterocompostos, que descrevem as propriedades dos petróleos e as propriedades específicas, que são úteis para prever os ambientes de deposição e a maturação (Waples e Machihara, 1992; Peters e Moldowan, 1993).

10. 6. 1. Correlação óleo/óleo baseada em GC

O modo de distribuição das n-parafinas é utilizado para esclarecer a origem genética dos óleos. A matéria orgânica sapropélica amorfa é caracterizada por um pico máximo de concentração de C15-C25, reflectindo fontes orgânicas marinhas (Waples, 1985). Além disso, as matérias orgânicas derivadas de restos de plantas vasculares superiores (terrestres) são caracterizadas por uma concentração máxima de n-parafinas em n- C25-C29 (Peters et al., 2005).

As impressões digitais da cromatografia gasosa para os hidrocarbonetos saturados das amostras de petróleo bruto estudadas mostram que os campos petrolíferos do centro-norte incluem, GS, Lagia, Ras Budran, Rudies parecem estar maduros, com base na abundância de n-alcanos na gama n-C15 a n-C25, preferência de carbono ligeiramente uniforme e concentração moderada a baixa de alcanos normais pesados. O aumento do n-C15 a n-C25 sugere matérias orgânicas marinhas com contribuição para a biomassa de algas e plâncton (Peters et al., 2005).

O Pristane/Phytane (Pr/Ph) é um indicador do ambiente deposicional com baixa especificidade devido à interferência da maturidade térmica e da fonte de entrada (Peters et al., 2005). Ten Haven et al. (1987) sublinharam que um Pr/Ph elevado (>3,0) indica a entrada de terrigénio em condições óxicas e um Pr/Ph baixo (<0,8) indica ambientes anóxicos/hipersalinos ou carbonatados associados à deposição de evaporitos e carbonatos. Peters et al. (2005) interpretaram as condições redox do ambiente de deposição da rocha geradora do petróleo bruto com base num modelo para a origem do pristano (Pr) e do fitano (Ph). De acordo com muitos autores, Pr/Ph inferior a 1 no petróleo bruto indica uma deposição anóxica na rocha-mãe, particularmente quando acompanhada de elevados teores de porfirina e enxofre, enquanto Pr/Ph superior a 1 indica uma deposição óxica. A razão Pr/Ph é normalmente aplicada porque o Pr e o Ph são facilmente medidos por cromatografia gasosa. Os rácios de Pr/Ph para os petróleos brutos do centro-norte (GS, Lagia, Ras Budran, Rudies oilfields) neste estudo foram geralmente baixos e variaram entre 0,34 e 0,61 (menos de 0,8), indicando um ambiente de deposição de carbonato marinho anóxico e reduzido. Os rácios de Pr/n-C17 variaram entre 0,15 e 0,29 (menos de 0,5), e Ph/n-C18 variou entre 0,28 e 0,29) indicando um ambiente marinho de deposição.

Em contraste, os petróleos do centro-sul incluem os campos petrolíferos de Belayim Abu Durba, Morgan, Gemsa e Sidky, caracterizados por uma grande quantidade de alcanos normais pesados (n-C25 a n-C30) e apresentam uma preferência por carbono ímpar e uma razão pristano/fitano (Pr/Ph) que varia entre 1,66 e 2,58 e as razões isoprenóides/n-alcanos (Pr/n-C17 e Ph/n- C18) que variam entre 1,11 e 1,89 e 0,34 e 0,60, respetivamente. Estes dados reflectem óleos moderadamente maduros, originários de matérias orgânicas terrestres de origem não marinha, depositadas em ambiente ligeiramente oxidante.

10. 6. 2. Correlação óleo/óleo com base em GC-MS

10. 6. 2. 1. Esteranos

Os biomarcadores de esterano nos óleos estudados podem ser avaliados no fragmentograma de massa m/z 217. A remoção de esteranos do petróleo por biodegradação ocorre após a remoção completa dos isoprenóides C_{15} a C_{20} (Peters e Moldowan, 1993). O índice de diasterano é normalmente utilizado para distinguir rochas carbonatadas de rochas de origem argilosa (Sieskind et al., 1979). Rácios elevados de diasteranos/esteranos são típicos do petróleo derivado de rochas geradoras ricas em argila e, em alguns petróleos brutos, podem resultar de uma maturidade térmica elevada e/ou de uma biodegradação intensa, enquanto rácios baixos indicam rochas geradoras de carbonato anóxicas (Peters et al., 2005).

Nos óleos do norte, a distribuição de esteranos é caracterizada pela predominância de esteranos C_{27} e por uma abundância ligeiramente baixa de C_{28} e C_{29}; também a concentração relativamente elevada de C_{27} diasteranos indica a entrada de uma fonte orgânica marinha. Peters et al. (2005) reconheceram que o nível de maturidade dos óleos aumenta com o aumento destes parâmetros (i.e. índice de diasteranos >0,1, e C_{29} 20S/20S+20R > 0,5). A quantidade do índice de diasteranos e os rácios dos isómeros (20S) e (20R) variam entre 0,18-0,51 e 0,53-0,69, respetivamente, revelando o elevado nível de maturidade dos óleos brutos. Os rácios de diasteranos/esteranos para as amostras de petróleo bruto analisadas mostram rácios geralmente baixos (0,26 - 0,56) indicando rochas carbonatadas anóxicas.

No caso dos petróleos do sul, mostramos uma quantidade ligeiramente baixa de diasteranos C_{27} e uma elevada abundância de C_{29} em relação aos esteranos C_{27}, o que revela que as amostras de petróleo destes reservatórios são provenientes de matérias orgânicas terrestres. A quantidade do índice de diasteranos e os rácios dos isómeros (20S) e (20R) variam entre 0,56-0,63 e 0,39-0,58, respetivamente, revelando o elevado nível de maturidade dos petróleos brutos. O rácio diasteranos/esteranos para as amostras de petróleo bruto analisadas, que varia entre 1,14 e 4,33, indica que estes óleos são de origem não marinha, principalmente matérias orgânicas terrestres.

10. 6. 2. 2. triterpanos

A concentração de terpanos tricíclicos nos óleos brutos é mais sensível aos paleoambientes específicos (Andrew et al., 2001). Além disso, tem sido utilizada como um indicador qualitativo de maturidade (Van Grass, 1990). Nos óleos de elevada maturidade, os terpanos tricíclicos são mais dominantes do que nos óleos de baixa maturidade (Hunt, 1996). O nosso estudo revela que a concentração de terpanos tricíclicos nas amostras de azeite do centro-norte é ligeiramente superior à dos outros azeites. Este facto pode corroborar a ideia de que os petróleos do centro-norte são mais maduros do que os do centro-sul e provêm principalmente de rochas carbonatadas.

A razão entre o trisnorneohopano (Ts) e o trisnorhopano (Tm), superior a (0,5), aumenta à medida que aumenta a porção de xisto nas fácies calcárias; além disso, esta razão provou ser útil nas previsões de paleofácies, embora não tão decisiva como os parâmetros maduros (Hunt, 1996).

Waples e Machihara, (1992) referiram que o rácio Ts/Tm não parece ser adequado para a estimativa quantitativa da maturidade. No presente estudo, mostramos que os rácios Ts/Tm variam entre 0,52 e 0,80 para os petróleos do centro-norte. Estes rácios elevados sugerem que ambos os petróleos foram gerados principalmente a partir de fácies calcárias. Riva et al. (1989) reconheceram que os rácios de hopano C29/C30 são geralmente elevados em óleos gerados a partir de carbonatos e evaporitos ricos em matéria orgânica. As amostras de óleo do centro-norte têm uma concentração mais elevada de C29 do que de C30 hopano, com rácios elevados de C29/C30 hopano que variam entre 0,78 e 1,40. Os óleos do centro-sul têm baixa concentração de C29 do que C30 hopano, com valores baixos de C29/C30 hopano (0,15 a 0,50). Estes dados ilustram que as amostras de petróleo do centro-norte podem ter origem em rochas geradoras ricas em matérias orgânicas carbonosas do que os petróleos do centro-sul. Esta hipótese é confirmada pela baixa abundância de moretano C30, pela gammacerância e pela concentração ligeiramente elevada de bisnoropanos C28, em comparação com os petróleos do sul.

10.7. Correlação entre tipos de óleo

10.7. 1. Óleos parafínicos

Os óleos parafínicos têm uma preferência distinta por carbono par/ímpar na gama de C15 a C25, uma elevada quantidade de diástase C27; além disso, os valores elevados do índice de diástases e a elevada concentração de esteranos regulares C27 indicam ambientes lacustres salinos típicos. A distribuição de homohopanos (C32, C33 e C34) está bem preservada, indicando um ambiente de deposição anóxico fortemente redutor. Para além disso, os valores do índice de homohopanos variam entre 0,11 e 0,49 e estão significativamente entre os lacustres hipersalinos (Andrew et al., 2001). A baixa concentração de gammacerância com valores elevados do índice de gammacerância (0,38 a 0,57) sugere que o petróleo marinho hipersalino, depositado em ambientes redutores. Além disso, as distribuições de diasteranos/esteranos e esteranos/hopanos, que variam entre 0,26-0,56 e 3,51-5,18, reflectem óleos maduros derivados de rochas de origem ricas em matérias orgânicas marinhas.

10.7.2. Óleos nafténicos

Esta família tem razões pristano/fitano (Pr/Ph) que variam entre 1,66 e 2,58, e razões isoprenóides/n-alcanos (Pr/n-C17 e Ph/n-C18) que variam entre 1,11-1,89 e 0,34-0,60, respetivamente, reflectindo óleos moderadamente maduros, originários de matérias orgânicas terrestres de origem não marinha, depositadas em ambiente ligeiramente oxidante. Além disso, tem uma grande quantidade de alcanos normais pesados (> C25) com distribuições de carbono pares e ímpares. Isto indica rochas de origem ricas em matéria orgânica terrestre. A percentagem relativamente elevada de C28 e C29 em comparação com C29, e a baixa concentração de C27 diasteranos e o índice de diasteranos e as razões entre os isómeros (20S) e (20R) variam entre 0,56-0,63 e 0,39-0,58, respetivamente, indicam uma rocha geradora rica em matéria orgânica terrestre (Sieskind et al., 1979). A gamacerância é elevada e o índice de gamacerância é relativamente baixo (0,18 a 0,39). Estes dados indicam um ambiente oxidante e ligado ao terrestre, com uma pequena contribuição de rochas de origem hipersalina. Por outro lado, as distribuições do rácio diasteranos/estrógenos para as amostras de petróleo bruto analisadas, que variam entre 1,14 e 4,33, indicam que estes óleos são de origem não marinha, principalmente matérias orgânicas terrestres.

10.8. Resumo e conclusões

Treze amostras de petróleo bruto do Golfo do Suez foram objeto de um estudo geoquímico para avaliar a maturidade, a origem, os ambientes de deposição e as famílias de petróleo. Sete amostras representam os poços do norte (GS-24-1, Asl-4, Lagia-3, Ras Budran-6, Balayim Land-7, Ruahmi-1 e Bakr-77) e seis amostras representam os poços do sul (Ramadan-13, Morgan-51, Abu Durba-9, Gemsa-2, Sidky-4 e Zeit Bay-2). Estas amostras de petróleo foram avaliadas através das análises geoquímicas de rotina Gravidade API, teor de enxofre e cromatografia gasosa, e análise de cromatografia gasosa-espetrometria de massa. As análises geoquímicas de rotina incluem a gravidade API, o teor de enxofre, a cromatografia gasosa, bem como as análises avançadas de cromatografia gasosa-espetrometria de massa (GC-MS) foram efectuadas para avaliar as caraterísticas geoquímicas destes petróleos. Os resultados da avaliação sugerem que podem ser reconhecidos dois tipos de óleos:

1. O petróleo marinho inclui os poços do norte (GS-24-1, Asl-4, Lagia-3, Ras Budran-6, Balayim Land-7, Ruahmi-1 e Bakr-77). Estes petróleos são caracterizados por um elevado nível de maturação e provêm principalmente de rochas de origem ricas em matérias orgânicas marinhas.

2. Os óleos terrestres incluem os poços do sul (Ramadan-13, Morgan-51, Abu Durba-9, Gemsa-2, Sidky-4 e Zeit Bay-2). Estes óleos pareciam ter origem em rochas-fonte ricas em matérias orgânicas terrestres de nível moderado de maturação. Este facto indica uma boa correlação entre os dois petróleos de cada grupo e nenhuma correlação entre os petróleos do norte e do sul do Golfo do Suez.

Estas análises sugerem que os petróleos do Norte e do Sul diferem em termos de caraterísticas geoquímicas, como se segue:

- Óleos provenientes de poços do Norte: Estes óleos caracterizam-se por uma gravidade API elevada, um baixo teor de enxofre, uma composição rica em hidrocarbonetos saturados e pertencem aos óleos nafténicos. A cromatografia gasosa e a cromatografia gasosa - análise espectrométrica de massa mostram que estes petróleos são altamente maduros e provêm principalmente de rochas geradoras ricas em matérias orgânicas marinhas, depositadas em ambientes oxidantes.

- Óleos provenientes de poços do Sul: Apresentam baixa gravidade API, alto teor de enxofre, pobres em composição saturada e relacionados com óleos aromático-nafténicos. Estes óleos são originários principalmente de origem terrestre, em ambientes redutores. A análise é reforçada por cromatografia gasosa e cromatografia gasosa - espetrometria de massa.

A correlação óleo/óleo dos petróleos brutos estudados com base na cromatografia gasosa e na cromatografia gasosa/espetrometria de massa de compostos biomarcadores de hidrocarbonetos saturados revelou o seguinte:

- Óleos de campos petrolíferos do centro-norte pertencentes a óleos parafínicos caracterizados por uma preferência distinta de carbono par/ímpar, elevada quantidade de diasterância C27, valores elevados do índice de diasteranos e elevada concentração de esteranos regulares C27. Distribuição bem preservada de homohopanos. Baixa concentração de gammacerância com alto índice de gammacerância sugerindo que o óleo marinho hipersalino, depositado em ambientes redutores. As distribuições dos rácios diasteranos/esteranos e esteranos/ hopanos reflectem óleos maduros derivados de rochas de origem ricas em matérias orgânicas marinhas.

- Os óleos provenientes de campos petrolíferos do Sul pertencem a óleos nafténicos caracterizados por uma grande quantidade de alcanos normais pesados com distribuições de carbono ímpares e pares. A percentagem relativamente elevada de C28 e C29 esteranos em comparação com C29 esteranos, e baixa concentração de C27 diasteranos e índice de diasteranos. A gamacerância é elevada e o índice de gamacerância é relativamente baixo, o que indica um ambiente oxidante e está relacionado com o ambiente terrestre, com uma pequena contribuição de rochas de origem hipersalina. A distribuição do rácio diasteranos/esteranos revela uma origem não marinha, principalmente matéria orgânica terrestre.

10.9. Agradecimentos

O autor agradece às autoridades da Egyptian General Petroleum Corporation (EGPC), bem como à Gulf of Suez e à Balayim Petroleum Companies pelo fornecimento das amostras de petróleo

11. Referências

Abd El-Naby, A., Abd El-Aal, M., Kuss, J., Boukhary, M., Lashin, A. 2009. Evolução estrutural e da bacia no período Miocénico, sudoeste do Golfo do Suez, Egito. Neues Jahrbuch I'iir Geologie und Palaontologie - Abhandlungen, 251(3): 331-353.

Andrew, D.H., Bradley, D.R., David, Z.J., Moldowan, M. e Ulderico, B. 2001. Rochas de origem lacustre do Oligoceno Superior e sistemas petrolíferos da bacia de Qaidan do Norte, Noroeste da China. AAPG Bull, (85): 601-619.

Barakat, A.O., Mostafa, A.R., El-Gayar, M. S. e Omar, M.F. 1996. Entrada na fonte e avaliações paleoambientais utilizando indicadores de biomarcadores moleculares de óleos crus da parte sul do Golfo do Suez, Egito. 13th Petrol. Explor. Petrol. Explor. Seminar, Cairo; pp. 475-488.

Barakat, A.O., Mostafa, A.R., Qian, Y. e Kim, M. 2002. Geochemical fingerprinting of oil seeps in the southern part of the Gulf of Suez and its geological and archaeological implications. Inter. Petrol. Confer. and Exhibit, 16p.

Barakat, H. 1982. Geochemical criteria for source rock, Gulf of Suez: 6th Egyptian General Petroleum Corporation, Petroleum Exploration and Production Conference, (1) 224-251.

Barwise, A. G. 1990. O papel do níquel e do vanádio na classificação do petróleo. Energy Fuels, 4 (6): 647-652.

Bayoumi, A. I. 1983. Tectonic origin of the Gulf of Suez, Egypt, as deduced from gravity data CRC. Handbook of Geophysical Explor. EUA; pp. 417 - 432.

Bobbit, J. E., Gallagher, J. D. 1978. The petroleum geology of the Gulf of Suez, Tenth Annual Offshore Tech. Conf., Houston, Texas, U.S.A. pp. 375-380.

Bosworth, W. 1995. A high-strain rift model for the southern Gulf of Suez (Egypt), in J. J. Lambiase, ed., Hydrocarbon habitat of rift basins: Geological Society Special Paper; (80): 75-112.

Bosworth, W, Crevello, P, Winn J R. D, Steinmetz, J. 1998. Structure, sedimentation, and basin dynamics during rifting of the Gulf of Suez and northwestern Red Sea, in B. H. Purser and D. J. W. Bosence, eds., Sedimentary and tectonic evolution of rift basins: the

Red Sea-Gulf of Aden: Londres, Chapman and Hall; pp. 77-96.

Bosworth, W, McClay, K. 2001. Evolução estrutural e estratigráfica do Rift do Golfo do Suez, Egito: uma síntese. Em P.A. Ziegler, W. Cavazza, A.H.F Robertson e S. Crasquin-Soleau (Eds.), Peri-Tethys Memoir 6: Peri-Tethyan rift/wrench basins and passive margins. Museu Nacional de História Natural de Paris, Memoirs, (186): 567-606.

Colletta, B, Le Qelle, P, Letouzey, I, Moretti, L.I. 1988. Avaliação longitudinal da estrutura do rifte do Suez, Egito. Tectonofísica, (153): 221-233.

Connan, J, Bouroullec, J, Dessort, D, Albrecht, P. 1986. A entrada microbiana em fácies de carbonato-anidrita do paleoambiente sabkha da Guatemala. Uma abordagem molecular. Em D. Leythaeuser e J. Rulkotter (Eds), avanços em geoquímica orgânica 1985. Geoquímica Orgânica, (10): 29-50.

Demaison, G, Huizinga, B. J. 1991. Classificação genética de sistemas petrolíferos. AAPG Bull. (75):1626-1643.

El Diasty, W. Sh, Peters K.E. 2014. Classificação genética de famílias de petróleo nos sectores central e sul do Golfo de Suez, Egito. Journal of Petroleum Geology, 37(2): 105-126.

El Nady, M. M, Barakat, A. M, Harb, F. M. 2007. Geoquímica do petróleo bruto e tempo de geração de petróleo no Golfo Central do Suez, Egito. Egito. J. Petrol, 16 (2): 137-155.

EL Nady, M.M. 2001. Avaliação das caraterísticas geoquímicas do petróleo de alguns campos petrolíferos no Golfo do Suez, Egito. Zagazig Univ, Science Bull, 23(2): 43-69.

EL Nady, M. M. 2006. O potencial de hidrocarbonetos das rochas geradoras do Miocénico para a produção de petróleo no Golfo Sul do Suez, Egito. J. Petroleum Science and Technology; 24(5): 539-561.

EL Nady, M. M, Harb, F.M. 2005. Avaliação de matérias orgânicas e petróleo bruto a partir de análises de pirólise, espetrometria de infravermelhos e biomarcadores de alguns poços no Golfo Norte do Suez, Egito. J. Egyptian Applied Science, 20 (1): 3961.

Faramawy, A. S, El Naggar, A. Y, El Nady, M. M, El Sabagh, S. M, Harb, F. M. 2012. Caracterização geoquímica orgânica de óleos brutos dos campos petrolíferos de El Hamd e Bakr no Golfo de Suez, Egito. Energy Sources,8(34):720-731.

Fowler, M. G, Douglas, A. G. 1987. Biomarcadores de hidrocarbonetos saturados em óleos de idade pré-cambriana tardia da Sibéria Oriental. Geoquímica Orgânica, (11): 201213.

Fu J., G., Pingan, O.; Brassel, S. C., Eglinton, G, Jigang, j. 1986. Peculiaridades dos sedimentos de lagos salgados como potenciais rochas de origem na China, In: Avanços em Geoquímica Orgânica, pp.119-127.

Garfunkel, Z, Bartov, Y. 1977. The tectonics of the Suez rift, Geol. Surv. Israel Bull, (7) 44p.

Gray, A. C.; Richard, J. D.; Robert, A. S. e Henery, I. H. 1987. Geoquímica orgânica e correlações de fontes de petróleo, Paleozoico de Ohio. AAPG Bull, (71):788-809.

Hagras, M. A. 1976. A distribuição e a natureza dos sedimentos do Miocénico no Golfo do Suez. 5° Explore. Semin, EGPC, Cairo. 12p.

Hagras, M. A. 1986. Algumas observações geológicas no Golfo do Suez, Egito. EGPC., 8th Explor. Semin., Cairo, 12p.

Harb, F. M, EL Nady, M.M. 2010. Propriedades Físico-Químicas, Fontes Ambientais, Especificações e Maturação de Óleos Brutos, Golfo de Suez, Egito. Egito. J. Petrol, 19(1):83-91.

Huang, W. Y, Meinschein, W. G. 1979. Sterols as ecological indicators. Geochem. Cosmochem. Ata, 43: 739 - 745.

Hunt, J.H. 1996. petroleum geochemistry and geology. 2^n Ed., Freeman and Company, New York.743 p.

Lewan, M. D. 1984. Factores que controlam a proporcionalidade do vanádio em relação ao níquel nos petróleos brutos. *GEOCHIM ET COSMOCHIM ATA*. 48: 2231-2238.

Mann, A. L, Goodwin, N. S, Lowe, S. 1987. Geochemical characteristics of lacustrine source rocks: a combined palynological/molecular study of a tertiary sequences from off shore, China, in Proceeding of Petroleum Association. 60th Annula Convention, V.1: Jacarta, Associação Indonésia do Petróleo, pp.241-258.

Marthur, N., Raju, S. V, Kulkarni, T. G. 2001. Identificação melhorada de zonas de pagamento através da integração de dados geoquímicos e de registo: Um estudo de caso da Upper Assam Basin, Índia. AAPG Bull, 85(2):309-323.

Martinez, A.R., Ion, D.C., Desorcy, G.J, Dekker, H. 1984. Classification and nomenclature systems for petroleum and petroleum reserves (Sistemas de classificação e nomenclatura para petróleo e reservas de petróleo). 11th World Petrol. Cong. Proc., Londres, Wiley, Chichester 1983.

Mckenzie, O. P, Daves, P. 1970. Plate tectonics of the Red Sea and East Africa. Nature, 22: 243 - 248.

Mello, M. R, Telenaes, N, Gaglianone, P. C, Chicarelli, M.I, Brassell, S. C, Maxwell, J. R. 1988. Caracterização geoquímica orgânica de ambientes deposicionais de rochas geradoras e óleos nas bacias marginais do Baraziliano. Em (matavelli, L., e Novelli, L, eds). Advances in Organic Geochemistry 1987, Pergamon press, Oxford, pp.31-45.

Milner, C.W, Rogers, M. A, Evans, C.R. 1977. Petroleum transformations in reservoirs. J. of Geochemical Explor, 7:101-53.

Mogoon, L. B, Claypool, G.E. 1981. Dois tipos de petróleo na encosta norte do Alasca - implicações para a exploração. Boletim da AAPG, 65: 644-652.

Moldowan, J. M, Seifert, W.K, Gallegos, E.J. 1985. Relação entre a composição do petróleo e o ambiente deposicional das rochas geradoras de petróleo. AAPG Bull, 69:1255-1268.

Moustafa, A. M. 1976. Block faulting in the Gulf of Suez, EGPC 5th E&P conference, Cairo, 19 pp.

Moustafa, A. M. 1992. Rifting sob carga de sedimentos no Golfo do Suez, Egito. 11° Petrol Explor. Proj. Co., Cairo, 1: 1-15.

Naglaa S. M., El Nady M. M, Shahin, A.N. 2014. Propriedades físicas e composição bruta de óleos brutos de alguns campos petrolíferos, Golfo de Suez, Egito. J. Australian Journal of Basic and Applied Sciences, 8 (3): 360- 367.

Obermajer, M., Fowler, M. G., Snowdon, L. R. 1999. Ambiente deposicional e geração de petróleo em rochas geradoras ordovicianas do sudoeste de Ontário, Canadá. AAPG Bull, 83 (9): 1426-1453.

Peters, K. E, Moldowan, J. M. 1993. The biomarker guide. Englewood Cliff, New Jersey, Prentice Hall, 363p.

Peters, K. E., Snedden, J.W., Sulaeman, A., Sarg, J. F. e Enrico, R.J. 2000. A new geochemical-sequence stratigraphic model for the Mahakam Delta and Makassar slope,

Kalimantan, Indonesia. AAPG Bull, 84: 12-44.

Peters, K.E, Walters, C.C, Moldowan, J.N. 2005. The biomarker Guide. 2ⁿ Ed., Cambridge University press, Nova Iorque.

Petersen, H.I., Andsbjerg, J., Bojesen-Koefoed, J.A. e Nytoft, H.P. 2000. Coalgenerated oil: source rock evaluation and petroleum geochemistry of the Lulita oil field, Danish North Sea. Petrol. Geol, 23: 55-99.

Philip, R. P. 1985. Fossil fuel biomarkers. Amesterdão, Elsiver, 294p.

Plaziat, J. C, Montenat, C, Barrier P, Janin, M. C, Orszag-Sperber, F, Philobbos, E. 1998. Stratigraphy of the Egyptian syn-rift deposits: correlations between axial and peripheral sequences of the north-western Red Sea and Gulf of Suez and their relations with tectonics and eustacy, in B. H. Purser and D. W. J. Bosence, eds., Sedimentary and tectonic evolution of rift basins: the Red Sea-Gulf of Aden: Londres, Chapman and Hall, pp. 211-222.

Price, L.G., Daws, T, Pawlewicz, M. 1986. Metamorfismo orgânico nos xistos Bakken do Baixo Messissippiano-Superior Devoniano. Parte 1: pirólise Rock-Eval e reflectância de vitrinite. Journal of Petroleum Geology, 9(2): 125-162.

Riediger, C. L, Foweler, M. G, Brooks, P. W, Snowdon, L. R. 1990. Óleos triássicos e potenciais rochas de origem mesozóica, área do Arco do Rio da Paz, Bacia do Canadá Ocidental. Organic Geochemistry, 16: 295-305.

Riva, A, Riolo, J.; Mycke, B, Ocampo, R, Callot, H. J, Albrecht, P, Nali, M. 1989. Parâmetros moleculares em óleos carbonáticos italianos: reconstrução de ambientes deposicionais passados. 14th Inter. Meet. Organic Geochemistry, Paris, Abstracts, No.335.

Robson, D. A. 1971. The structure of Gulf of Suez Clysmic rift with special reference to the eastern side. Jour. Geol. Soc., Londres, 127:274 - 276.

Rohrback, B.G. 1983. Crude oil geochemistry of the Gulf of Suez .In M. Bjoroy et al. (Eds.), Advances in Organic Geochemistry, 1981, John Wiley and Sons, N.Y., pp.39-48.

Roushdy, M. I., El Nady, M. M., Mostafa, Y. M., El Gendy, N.Sh, Ali, H. R. 2010. Caraterísticas dos biomarcadores de óleos brutos de alguns campos de petróleo no Golfo de Suez, Egito. J. of American Science, 6 (11): 912-925.

Said, R. 1962. The Geology of Egypt, El Seveier, 337 p.

Sharaf, L. M., El Leboudy M. M, Shahin, A.N. 2007. Famílias de petróleo e suas fontes potenciais no sul do Golfo do Suez, Egito. J. Petrol. Sci and Tech. 25 (5): 539559.

Sieskind, O., Joly, G, Albrecht, P. 1979. Simulação da transformação geoquímica de esteróis: efeito de sobreposição de minerais de argila. Geochimica et Cosmochimica Ata, 43:1675-1680.

Sofer, Z. 1984. Composições de isótopos de carbono estáveis de óleos crus, aplicação à alteração de petróleo do ambiente deposicional da fonte. Boletim da AAPG, 68:31-49.

Sultan, N, Schutz, K. 1984. Falhas transversais na zona do Golfo do Suez. EGPC, 7th Explor. Semin., Cairo, pp. 1-15.

Swartz, D. H., Arden, D. 1960. Geologic history of the Red Sea area. AAPG Bull, 44(10): 1621 - 1637.

Ten Haven, H. L, Deleeuw, J. W, Sinninghe, J. S, Schenck, P. A, Palmer, S. E, Zumberge, J. E. 1988. Aplicação de marcadores biológicos no reconhecimento de ambientes paleo-hipersalinos. In: Fleet, A.J. (eds.) Kelts, K. e Talbot, M.R. (eds.), rochas geradoras de petróleo lacustres. Geol. Soc., Spec. Pupl, (40):123-130.

Tissot, B.P, Welte, D.H. 1984. Petroleum formation and occurrence. 2nd Ed., Nova Iorque, Springer, Verlag, 699 p.

Tromp, S.W. 1950. A idade e a origem do graben do Mar Vermelho. Geol. Mag, 37: 385 - 392.

Van Graas, G.W. 1990. Biomarker maturity parameters for high maturities: calibration of the working range up to the oil/condensate threshold. Organic Geochemistry, 16: 1025-1032.

Van Graas, G.W. 1990. Biomarker maturity parameters for high maturities: calibration of the working range up to the oil/condensate threshold. Organic Geochemistry, 16: 1025-1032.

Waples, D. W, Machihara, T. 1992. Biomarker for geologist, AAPG methods in petroleum series,(9): 91p.

Waples, D.W. 1985. Geochemistry in Petroleum exploration. Boston, inter. Human Resources and Develop. Co., 232p.

Wever, H. E. 2000. Caracterização do petróleo e das rochas geradoras com base nos resultados do gráfico em estrela C7: Exemplos do Egito. AAPG Bull. 84: 1041-1054.

Youssef, M. I. 1968. Padrão estrutural do Egito e sua inter-relação. AAPG Bull, 52(4): 601 - 614.

Zein El Din, M. Y., Abou El Fetouh, M, Shaltut, E.M. 1981. Correlação geoquímica baseada na distribuição de n-parafinas de óleos brutos de alguns campos, Golfo do Suez, Egito. Ain Shams Sci. Bull, 23: 149-165.

MIX
Papier aus verantwortungsvollen Quellen
Paper from responsible sources
FSC® C105338

Printed by Books on Demand GmbH, Norderstedt / Germany